MÉMOIRES

Lûs le premier Juillet 1768,

EN L'ASSEMBLÉE PUBLIQUE

DE LA

SOCIÉTÉ ROYALE

D'AGRICULTURE

DE SOISSONS

Pour la distribution des Prix proposés en mil sept cent soixante-six.

A SOISSONS,

Chez PONCE COURTOIS,

Imprimeur du ROI.

M. DCC. LXVIII.

AVEC APPROBATION ET PRIVILEGE DU ROI.

SÉANCE PUBLIQUE

Du premier Juillet 1768.

LE DIT jour, Messieurs les Membres & Associés, se sont assemblés à l'Hôtel-de-Ville, pour la distribution des Prix.

Monsieur le Directeur a ouvert la Séance par un Discours sur l'Agriculture, généralement applaudit par l'Assemblée. On y a ensuite fait lecture de quatre Mémoires. Le premier, sur les inconvéniens de l'instabilité des Baux des Biens dépendans des Bénéfices consistoriux. Le second, sur l'utilité du partage des Communes & du défrichement des Terres incultes. Le troisième, sur la manière dont on devroit récolter les Avoines. Le quatrième, * *de M.* LE PELETIER, *Intendant de la Province, sur l'Agriculture & le Commerce. Après quoi, les conditions proposées*

* Nous aurions bien desiré que ce Mémoire nous eut été remi pour le donner à l'impression.

pour concourir aux Prix, remises sous les yeux, & le Procès-Verbal de visite lû, M^r^ le Directeur a prié M. LE PELETIER, *de donner les Médailles que le Bureau tenoit de sa générosité à ceux dénommés dans la délibération du 4 Juin dernier, suivant l'ordre & la qualité des Prix qui leur avoient été adjugés.*

La Séance a été terminée par la lecture du Prospectus des Prix proposés pour l'année prochaine.

Arrêté le premier Juillet 1768.
Signé SIVERT, *Directeur.*
Et BRETON, *Sécrétaire perpétuel.*

MÉMOIRE

MÉMOIRE
SUR
LES INCONVÉNIENS
DE
L'INSTABILITÉ
DES BAUX,
DES BIENS, DÉPENDANS DES BÉNÉFICES
CONSISTORIAUX.

ES progrés de l'Agriculture, sont moins retardés par le défaut de connoissance d'un Art aussi précieux, que par les obstacles politiques qui s'opposent à sa perfection. On censure souvent notre établissement; en nous oppose que la Théorie est presque toujours à côté du préjugé, que le systême le plus apparent se détruit par l'épreuve la plus simple, & que l'expérience de trois ou quatre Laboureurs doit prévaloir sur toutes nos spéculations. L'objet de ce Mémoire n'est point de répondre directement à l'objection ; mais en admettant pour un moment cette supposition, il seroit toujours vrai que les Sociétés d'Agriculture ont produit les effets les plus avantageux.

Vous le sçavez, Messieurs, les entraves qu'une fausse politique avoit mises au commerce des Bleds ; les difficultés qu'on éprouvoit dans le débit, avoient jetté les Cultivateurs dans le découragement. L'abondance étoit devenue presque un objet à redouter ; les Sociétés d'Agriculture ont attaqué ces loix prohibitives ; leurs voix réunies se sont fait entendre au Gouvernement. Monsieur Dupont, associé de notre Bureau, s'est distingué par un Mémoire où la matière a été solidement discutée & nous avons vu paroître ces fameux Édits, qui, en facilitant d'abord la circulation intérieure des Grains, & permettant ensuite l'exportation à l'étranger, doivent maintenir les Bleds dans un juste niveau également éloigné de la grande cherté & du bas prix.

LES Baux de neuf années présentoient au Fermier un terme trop court pour le déterminer à faire certaines améliorations dont il n'étoit pas assuré de profiter ; mais la stipulation d'une plus longue durée, assujettissoit à un Droit de demi-centième denier. Les Sociétés d'Agriculture ont présenté ces inconvéniens, & un Arrêt du Conseil a dispensé du Droit de demi-centième denier, les Baux même de vingt-sept ans, faits à la charge de quelques améliorations.

NE craignons donc point de le dire, c'est la satisfaction de ceux qui travaillent pour le bien public. Nos Sociétés ont contribué à écarter une partie des obstacles qui s'opposent à la perfection de la Culture.

MAIS ces obstacles ne sont point tous levés : il en est d'autres encore plus nuisibles que ceux auxquels la sagesse du gouvernement a remédié. Les succès que nous avons obtenus, ne doivent nous servir que d'encouragement à faire de nouvelles tentatives.

C'EST dans cette vue que je me suis proposé de discuter les inconvéniens de l'instabilité des Baux de Biens dépendans des Bénéfices consistoriaux, & d'indiquer les moyens de remédier à ces inconvéniens.

POUR comprendre les suites malheureufes de l'inftabilité de ces Baux, il faut confulter le point de droit dans le cas du décès ou de la démiffion du Bénéficier.

Le Titulaire d'un Bénéfice confiftorial, meurt : non-feulement les Baux qu'il a paffés, font réfolus de plein droit, mais le Fermier n'a plus de droit aux terres, ni même aux Bâtimens de la Ferme, que jufqu'au premier Janvier qui fuit immédiatement le décès : ainfi, fuppofons qu'un Abbé décède dans le mois d'Octobre ou de Novembre, le Fermier n'aura plusqu'un ou deux mois pour vendre fes effets, fes Chevaux & Beftiaux & fes équipages de labours, & rendre libres les Bâtimens de la Ferme. Ce point de droit eft conftant : ce font les difpofitions de l'Édit de 1691, & de plufieurs Arrêts du Confeil. Si cette rigueur n'eft pas toujours exercée contre les Fermiers, ils n'en font redevables qu'au nouveau Bénéficier, qui, par modération ou pour fon arrangement, ne veut pas ufer d'un droit qui lui eft acquis par une loi précife.

Le cas du décès n'eft point le feul qui donne lieu à ces réfolutions fubites des Baux : le pourvu fur la démiffion pure & fimple, a le même droit que le pourvu par mort. Un Titulaire fe démet pour un Bénéfice plus confidérable, le Fermier n'a point plus de temps dans ce cas que dans l'autre. Or cette inftabilité eft préjudiciable à la

Culture, elle eſt encore plus nuiſible aux Cultivateurs.

Un Fermier qui n'a qu'une jouiſſance incertaine, qui, à tout moment eſt expoſé à une prompte réſolution de ſon Bail, s'abandonne bientôt à une Culture irrégulière & contraire à l'ordre. Il force ſa terre, il l'épuiſe, il en tire tout le parti poſſible pour le temps, & ne s'occupe d'aucune eſpèce d'amélioration : eh comment pourroit-il s'y livrer ! Il a intérêt de n'en point faire, elles exciteroient bientôt contre lui la cupidité de ſes voiſins : un autre viendroit enchérir & lui enlever le fruit de ſes dépenſes & de ſon travail, ou au moins on s'en feroit un prétexte pour demander une augmentation de redevance.

Les ſuites de l'inſtabilité ſont encore plus funeſtes aux Cultivateurs. Un Abbé meurt : la première idée de ſon ſucceſſeur eſt que les Biens de l'Abbaye ne ſont point affermés à leur juſte valeur ; il ſoupçonne des deniers d'entrée, & un pot de vin que lui-même eſt déja réſolu de demander ; ſans cette raiſon même on demande toujours une augmentation ; on n'a point de connoiſſance de la valeur des terres, ni de la force du marché : mais il y a un changement & un renouvellement de Bail, donc il doit y avoir de l'augmentation : c'eſt la marche ordinaire & ſuivie.

HEUREUX encore les Fermiers lorſqu'ils peuvent traiter immédiatement avec le ſucceſſeur au Bénéfice, ſa naiſſance, ſon éducation, & l'intérêt qu'il ſemble devoir prendre à ſes Fermiers, font eſpérer des procédés plus généreux.

MAIS un uſage, un malheureux uſage s'eſt introduit de faire un Bail général des Biens dépendans d'un Bénéfice. Ces Baux ſe font ordinairement à des compagnies qui réuniſſent un grand nombre de recettes : ces compagnies ſont le fléau des Campagnes : elles ne prennent intérêt à la choſe que pour la piller ; elles ne ſemblent parcourir lesFermes que pour en dévorer les habitans.

HABILES, & formés depuis longtemps aux ruſes & à l'artifice ; ces Receveurs généraux après avoir demandé une augmentation exhorbitante, ſuppoſent des concurrences & des ſoumiſſions qui n'exiſtent pas, & ne donnent au Fermier actuel que vingt-quatre heures pour profiter d'une préférence illuſoire.

CEPENDANT quel parti prendra le Fermier ? Également effrayé de l'augmentation qu'on lui demande, & de la crainte de quitter ſa Ferme, il demeure incertain & flottant. Il vient enſuite à conſidérer que ſes Bleds ſont ſemés, & qu'il n'aura point la ſatisfaction de les récolter ; que ſes granges ſont pleines, qu'il n'a point aſſez de temps pour faire battre les gerbes, & faire profit de la conſommation ; qu'il ne peut ſe flater de trouver aſſez tôt une autre Ferme ; qu'en tout cas, le commencement du marché qu'il pourroit prendre, ne peut guere concourir avec la fin de celui qu'il quitte ; que dans l'interval il ne ſaura où reſſerrer ſes effets & les équipages de ſon labourage, ni où loger ſes Chevaux, Troupeaux & Beſtiaux ; qu'il ne pourroit s'en défaire qu'avec perte conſidérable ; qu'il va ſe trouver avec ſa famille ſans emploi & ſans occupation. Preſſé par ſa ſituation, le Fermier ſe détermine à faire des propoſitions ; le Receveur général ſe rend d'autant plus difficile qu'il ſait tout l'embarras & les ſuites funeſtes qu'entraîneroit la diſcontinuation du marché. Il n'a fait aucune recherche ſur la valeur des terres ; mais la manœuvre & l'intrigue ſont le fond de ſes connoiſſances ; il ſait comment on peut profiter du déſeſpoir d'un Fermier, & le faire plier aux conditions qu'on lui impoſe. Le Fermier céde à la néceſſité & l'augmentation de la redevance ne le diſpenſe pas de donner un pot de vin conſidérable. De-là, les conſéquences les plus facheuſes, le pot de vin fait entrer dans des mains avides, pour diſparoître à jamais de la Province, une ſomme amaſſée avec beaucoup de peines, & deſtinée ſoit pour la retraite d'un ancien & reſpectable Laboureur, ſoit pour la dot d'un enfant qui auroit donné un ordre diſtingué de Cultivateurs. L'augmentation de la redevance rend l'état du Laboureur preſque toujours médiocre & ſouvent miſérable, & ne lui laiſſe aucune facilité pour l'acquittement des impoſitions.

Ne penſez pas, Meſſieurs, que dans l'ardeur du zèle qui m'anime contre les inconvéniens de l'inſtabilité des Baux, je cherche à vous intéreſſer par des événemens rares ou des faits exagérés ; vous le ſçavez, Meſſieurs, les preuves en ſont ſous vos yeux. Dans deux Abbayes de cette Ville, en un très-petit nombre d'années, il y a eu pour cauſe de mort ou de démiſſion, trois Baux conſécutifs, avec augmentation ſucceſſive de redevance, & un pot de vin à chaque renouvellement.

Le temps ne fait qu'accroître l'audace & la témérité de ces Compagnies de Receveurs. On a vu dernièrement les pratiques & les manœuvres employés pour faire accéder un Fermier à des propoſitions exceſſives. La redevance ordinaire des bonnes terres du Soiſſonnois, eſt au muid le muid, c'eſt-à-dire, de rendre un muid de Bled faiſant les deux tiers du muid de Paris, pour un muid de terre compoſant douze arpens meſure de Roi. La Ferme dont il s'agit eſt compoſée de trente muids de terre, & le Bail étoit porté à trente muids de Bled, avec la charge de quelques preſtations légères, & quelques clauſes ménagères. Le Receveur général indépendamment de cette redevance, a demandé une augmentation de deux mille deux cents livres par année.

Tels ſont donc, Meſſieurs, les inconvéniens de l'inſtabilité des Baux. Elle inſpire aux Fermiers le goût d'une Culture infidelle & forcée, peu profitable à eux-mêmes & très-nuiſible à l'ordre du labourage ; elle les détourne de faire des améliorations ; elles les intéreſſe à n'en point faire : mais ce qu'il y a de plus criant, elle fomente les vexations de ces Compagnies avides & elles les autoriſe à impoſer une redevance ſur l'embarras ſeul où ſe trouve le Fermier en quittant ſa Ferme.

Tous ces obſtacles ſe trouveront bientôt écartés, en donnant aux Baux des Biens des Bénéficiers une durée de neuf années, fixe, ſtable & indépendante du décès ou de la démiſſion du Titulaire. Alors le Fermier meſurant dans l'avenir une durée certaine d'exploitation, ſe livrera à une

Culture régulière, il ſe portera même à quelques améliorations. Parvenu aux dernières années de ſon Bail, il ſe diſpoſera de loin au renouvellement, & ſi ſes propoſitions ne ſont point acceptées, il cherchera une autre Ferme. Dans tous les cas, le Fermier agira avec aiſance & avec liberté ; il n'y aura point d'interruption dans la Culture, point d'embarras, ni de déſordre dans l'exploitation & les ouvrages de la nouvelle Ferme ne commenceront qu'à meſure de la ceſſation de ceux de la Ferme qu'il quitte.

MAIS dit-on : il arrive preſque toujours que le Bénéficier exige de ſon Fermier des deniers d'entrée, ou un pot de vin. Ces deniers d'entrée ſont fonction de prix dans la redevance ; le ſucceſſeur au Bénéfice a droit à la jouiſſance intégrale des Biens qui le compoſent ; & ſon état ne peut être diminué par un arrangement qui n'eſt point de ſon fait, & dont il n'a point profité.

JE ne me diſſimule pas, Meſſieurs, la force de l'objection. Tel eſt l'effet ordinaire de la diſcuſſion ſur les matières politiques. Les abus s'expoſent toujours avec aſſez de force & d'évidence, mais quand on en vient aux remedes, ce n'eſt plus qu'embarras, ou autres inconvéniens dans le ſyſtême contraire à l'uſage établi.

LES uns donnans l'effort à leur imagination, s'érigent en réformateurs, & demandent des changemens trop considérables, c'est alors la République de Platon, ou ce ne sont plus que les rêves d'un bon Citoyen. Les autres trop esclaves de la loi & trop timides, ne proposent que des remedes doux : espèce de palliatif qui ne va point à la racine du mal.

C'EST précisément ce qui est arrivé, Messieurs, dans la matière que nous traitons. Pour remédier aux inconvéniens de l'instabilité des Baux, on avoit proposé de réduire les Évêques & les Abbés commandataires à des prestations équivalentes aux revenus de leurs Bénéfices, & de réunir leurs manses à celles des Chapitres ou des Monastères. Ce projet présente plusieurs avantages : outre la stabilité des Baux, on tarit la source des procès trop communs entre les Abbés & les Religieux; on prévient les frais considérables de visite, pour constater les réparations à chaque mutation, les Biens en seroient mieux entretenus ; & on accepteroit plus sûrement les Successions des Titulaires de ces Bénéfices. Mais quelque soit l'avantage de ce projet, je ne pense pas qu'il nous appartienne d'y insister. Il faut savoir mesurer ses forces, & ce seroit se jetter hors de sa sphère, que de demander des changemens aussi étendus. Le parti le plus convenable, eſt d'abandonner ces grands objets à la ſageſſe du gouvernement.

D'UN autre côté les Juriſconſultes toujours ſubjugués par le texte de la Loi, qui limite le droit de l'uſufruitier, ont cherché quelque tempérament qui put au moins adoucir une diſpoſition rigoureuſe dont ils étoient frappés. Ils ont dit d'abord, que le Fermier ne devoit pas être pris au pied levé & qu'on devoit lui laiſſer faire la récolte & la conſommation, obſervant enſuite que les terres étoient toujours partagées en trois ſolles le plus ſouvent inégales. Ils ont enſeigné que le Bail devoit être entretenu juſqu'à la révolution des trois ſolles ; mais ces déciſions que les arrêts du Conſeil n'ont pas même adopté, ne préſentent qu'un remede inſuffiſant. L'incertitude ſeroit toujours à peu près la même, & le Fermier ſeroit expoſé aux mêmes inconvéniens lorſque le Titulaire viendroit à décéder dans l'année de la troiſième ſolle. Il faut un remede plus uniforme, plus univerſellement appliquable au Fermier, & moins dépendant des circonſtances où il peut ſe trouver.

J'OSE propoſer à votre examen, Meſſieurs, un moyen qui ſemble concilier ſuffiſamment l'intérêt du Succeſſeur au Bénéfice, & l'intérêt public. Ce moyen ſeroit d'obliger le Succeſſeur nouveau Titulaire

tulaire à l'entretien du Bail fait par ſon prédéceſſeur, à moins qu'il ne prouvât par une eſtimation faite relativement aux Fermages des terres voiſines, qu'il ſouffre une certaine léſion, telle que d'un huitième dans la redevance.

J'AI dit que ce projet concilioit tous les intérêts. Commençons par l'intérêt public.

LES pots de vin ſont auſſi abuſifs qu'ils ſont communs. De quelque manière que le Fermier les donne, il entend toujours les donner en diminution de la redevance ; & dans ſon eſprit il en fait une répartition ſur les neuf années de ſon Bail : c'eſt donc de la part du Bénéficier, non-ſeulement une jouiſſance anticipée, mais une entrepriſe ſur des années ultérieures, où il ne ſera peut-être plus en poſſeſſion du Bénéfice. Veut-on que le pot de vin ſoit une eſpèce de forfait ? Le riſque en eſt toujours pour le Fermier ; d'un autre côté, les pots de vin favoriſent les fraudes dans les impoſitions : ils ſont la ſource de grandes injuſtices. La Taille s'impoſe dans la plupart des Élections ſur la redevance : au moyen du pot de vin, une partie de la redevance effective échappe aux Collecteurs, & une partie de la cotte que le Fermier devroit ſupporter, retombe à la charge des autres Habitans.

Or le systême que nous proposons, tend à détruire les pots de vin, ou au moins à les rendre moins fréquens. Un Fermier qui saura que la jouissance pendant la durée de son Bail, ne pourra lui être enlevée qu'autant que le Successeur au Bénéfice administreroit contre lui la preuve d'une lésion de la huitième partie de la redevance, ce Fetmier, dis-je, portera toutes ses charges en redevance annuelle : il se défendra des deniers d'entrée, parce que le pot de vin, force nécessairement la diminution de la juste redevance, & la redevance diminuée à un certain point, pourroit bientôt devenir contre le Fermier un titre d'expulsion.

L'intérêt du Successeur au Bénéfice est également conservé. La Loi qui disposeroit que la seule lésion d'un huitième, pourroit seule opérer la résolution du Bail, n'empêcheroit pas d'affermer le plus souvent les terres à leur juste valeur. Les Loix enseignent qu'on peut se faire restituer contre un partage lorsqu'il y a lésion du tiers à quart ; qu'un vendeur peut faire résoudre la vente lorsqu'il y a lésion d'outre moitié & cependant dans le cours ordinaire des choses, les partages se font avec égalité, & les ventes à juste prix. C'est une simple précaution que la Loi a cru devoir prendre pour les cas insolites & singuliers.

La Loi que nous proposons, n'auroit qu'une application très-rare. L'intérêt du Bénéficier dans notre systême seroit même défendu par l'intérêt du Fermier. Oüi, Messieurs, la résolution subite d'un Bail est tellement ruineuse pour le Fermier; la crainte d'une prompte expulsion fait tant d'impression sur son esprit, qu'il aura intérêt lui-même que la redevance soit portée à la juste valeur des terres. Je le dis avec confiance, & je ne crains point d'être démenti par aucuns Fermiers. Il leur est plus avantageux de rendre une redevance proportionnée à la valeur de la terre, que d'obtenir quelque diminution, avec le risque d'être dépossédés subitement dans le courant du Bail. Il est donc très-vrai, que la Loi que nous proposons, laisseroit presque toujours le Successeur sans intérêt, & que sans aucune perte considérable pour lui, le Fermier seroit assuré de l'entière exécution de son Bail.

Mais supposons que le Successeur au Bénéfice fut exposé à ne point jouir exactement de la totalité de la redevance, ce qui n'arriveroit même que pour quelques années de restant du Bail; cette considération seroit-elle suffisante pour laisser subsister un abus aussi préjudiciable à la Culture & aux Fermiers?

La condition des Bénéficiers ne feroit qu'assimilée à la condition des autres. Les Mineurs sont obligés d'entretenir le Bail de leurs biens, fait par leur Tuteur, à moins qu'ils ne justifient qu'ils sont lézés.

Un Mari fait les Baux des Biens de sa Femme. Ce Mari peut être un mauvais administrateur, & ne point affermer les Biens à leur juste valeur ; cependant la Femme devenue veuve est obligée à l'entretien du Bail : elle en seroit même tenue quand le Bail eut été fait de 18 ou vingt-sept années, pourvu qu'au décès du mari, il ne restât pas plus de neuf années de jouissance. La différence de ces deux cas à celui du Successeur au Bénéfice est sensible. Non-seulement les Mineurs & la Femme ont la propriété des Biens affermés, mais ces Biens composent essentiellement leur fortune. Le Bénéficier au contraire ne devient qu'accidentellement possesseur de son Bénéfice ; il n'avoit originairement aucun droit à la chose.

Enfin plusieurs Auteurs ont pensé que les Héritiers du Mari devoient entretenir le Bail fait par la Douairière, c'est le sentiment du judicieux Coquille, sur la Coutume de Nivernois, & en sa Question 156. pourvu que le Bail soit fait sans fraude, & cela *par respect & bienséance* : or la fraude eſt exclue, lorſque le nouveau Titulaire aura la faculté de faire réſoudre le Bail en juſtifiant de la léſion d'un huitième dans la redevance.

ENFIN la Collation d'un Bénéfice eſt un titre purement gratuit. On peut aſſurer que le Bénéfice ne ſeroit point refuſé quand il ſeroit d'un huitième au deſſous de ſa juſte valeur. C'eſt le Roi qui nomme à ce Bénéfice ; & la moindre reconnoiſſance du pourvu, eſt de ſe ſoumettre volontiers à des conditions que le Roi n'impoſera que pour le plus grand bien de ſes ſujets. Quoi! tandis que Sa Majeſté, Elle-même a bien voulu en conſidération du bien public, affranchir du Droit de Demi-Centième Denier, les Baux de vingt-ſept ans, chargés d'améliorations, celui qui obtient tout d'un coup un revenu ſouvent très-conſidérable & toujours très-honnête, peut-il ſe plaindre d'être dans le cas de faire un léger ſacrifice à l'intérêt général?

MAIS ne craignons point de dire la vérité. La crainte d'une légère diminution ſur la redevance, ne ſera point le plus grand obſtacle à la Loi bienfaiſante que nous propoſons. Le véritable motif d'oppoſition, ſera de ſe perpétuer dans l'uſage des pots de vin. À peine un Bénéficier a-t-il obtenu ſa nomination, qu'il veut prendre un état au moins proportionné au revenu dont il ne jouit pas encore. Les termes de l'échéance paroiſſent trop éloignés. On veut avancer ſa jouiſſance, on y réuſſit en renouvellant les Baux & en prenant par chacun des deniers d'entrée. Ceux qui ont la jouiſſance ou l'adminiſtration intermédiaire entre le décès du Bénéficier & la nomination de ſon Succeſſeur, auront le même intérêt, & les mêmes raiſons de s'oppoſer.

Mais des abus auſſi énormes, deſtructifs de l'ordre & de l'égalité dans les impoſitions, pourroient-ils devenir un obſtacle inſurmontable à l'établiſſement d'une Loi qui intéreſſe auſſi ſenſiblement la Culture & les Cultivateurs ? Non, Meſſieurs ; les graces que nous avons obtenues, garantiſſent le ſuccès de tout ce que nous propoſerons pour le bien. Nous n'avons à redouter que nos erreurs & la foibleſſe de nos talens. Tout ce qui ſera avantageux à la Culture ſans inconvéniens conſidérables ſera adopté. Il ne s'agit que de trouver les moyens qui concilient ſuffiſamment tous les intérêts. J'ai propoſé mes idées ſur un objet auſſi important, c'eſt à vous, Meſſieurs, à perfectionner, l'ouvrage & à le mettre en état de réuſſir. Trop heureux ſi je peux concourir avec vous à déraciner un mal qui eſt le véritable fléau de notre Province.

MEMOIRE

Sur la question de savoir si le défrichement des Larris, Savarts, ou terres incultes est plus avantageux que nuisible à l'état, ou s'il lui est au contraire plus nuisible qu'avantageux.

UTILITÉ DES DÉFRICHEMENS.

IL paroît d'abord que des Champs nouveaux & nombreux, livrés à l'industrie publique, assurent à la masse actuelle, des denrées, une augmentation considérable, & qu'il en résultera la diminution du prix de ces denrées, trop souvent excessif, l'extension du commerce que l'on en fait, lequel est le plus important de tous, & l'emploi d'un plus grand nombre de bras rarement assez occupés.

CEUX qui soutiennent l'opinion contraire, disent que les friches & pâtures communes servent à nourrir les troupeaux, dont le nombre diminuera en raison du progrès des défrichemens par le manque de nourriture, d'où il arrivera que les Citoyens seront privés d'une portion considérable de leurs alimens, les manufactures, d'une portion des matières qu'elles employent, & les cultivateurs d'une partie des fumiers & engrais néceſſaires à l'exploitation de leur terres.

TOUT ce qui intéreſſe le public eſt digne de la plus ſérieuſe attention, la diſcuſſion ſur l'utilité ou les inconvéniens des défrichemens lui devient trop importante pour n'être pas expoſée dans le détail le plus exact.

Il convient d'abord de s'expliquer ſur le mot *friche*. On n'entend point comprendre ſous cette dénomination les pâtures graſſes & humides, ſituées dans des lieux bas & deſtinées par la nature même, à produire des foins abondans.

ON ſeroit imprudent de les mettre en culture, loin des grandes Villes, leur produit actuel eſt le meilleur, que la foible induſtrie des habitans de la campagne puiſſe en tirer.

ON n'a pas en vue les terrains qui ſemblent condamnés à une éternelle ſtérilité, ces côteaux couverts de roches immuables; ces plaines d'un ſable brûlant ou d'une craie aride.

MAIS combien de friches de différentes dénominations, qui cultivées, feroient croître des Bleds, des Grains de toute eſpèce; combien d'autres de moindre qualité, produiroient des menus Grains, des Luzernes, des Sainfoins, d'autres Prairies artificielles.

TELLES ſont celles qui font l'objet de la diſcuſſion, & que nous examinerons dans leur état de friches, après les avoir conſidérées dans l'état de Culture qui leur ſeroit poſſible.

UN tiers des terres cultivées, eſt occupé pendant onze mois de l'année, par des Bleds, dont les grains font vivre les hommes, leur procurent l'argent néceſſaire à tous les objets d'achât indiſpenſable & donnent le ſon, dont on engraiſſe volailles & beſtiaux.

LA Paille des mêmes Grains, ſert de nourriture à ceux-ci, fait leur litière, couvre leurs habitations, même celles des hommes, & ſe convertit en fumier le plus abondant & le meilleur.

LE ſecond tiers chargé de menus Grains pendant ſix mois, produit dans un ſeul arpent, plus de fourrages, que n'en donneroient cinquante arpens de friches en un an. Une partie de ce fourrage conſervée ſéche nourrit le bétail pendant tout l'hyver, même pendant une partie du printemps, une autre partie mangée en verd, ſupplée à ſa nourriture dans le reſte du printemps, même dans l'été. A peine les Grains ou fourrages ſont-ils enlevés du champ, qu'il offre aux troupeaux, une pâture ſupérieure à toutes les friches.

Le dernier tiers, donne après l'enlévement des Bleds, une nourriture si abondante, qu'elle engraisse les bêtes vieilles & défaites, & les met en état de s'en débarrasser avantageusement.

Lors qu'après cinq ou six mois de jouissance, on a retourné les chaumes qui le couvroient, les semences des plantes qui y avoient existée dans l'été précédent, ou que les vents y ont apportées, germent & levent de toutes parts; c'est au printemps que la nature plus active donne de l'ame, de l'action à toutes les Plantes, aux Végétaux les plus exténués : ceux des friches exceptés cependant.

L'objection des cinq labours donnés à une même terre dans plusieurs pays, prouve en faveur des Jacheres. On ne multiplie ordinairement les labours, que lorsque les herbes levent & croissent trop promptement. Toutes les terres ne sont point retournées à la fois; l'herbe a le temps de croître dans la première labourée, avant qu'on soit parvenu à la dernière: ainsi le Berger intelligent trouve toujours où conduire son troupeau.

Si dans le nombre des terres cultivées, on en a mis en prairies artificielles, elles donent deux, même trois coupes d'herbe de la meilleure qualité, & servent de pâtures admirables aux beſtiaux, pendant l'automne & tout l'hyver.

Des expériences réitérées dans différentes Provinces, ont prouvé que les Luzernes & Sainfoins, livrés à la pâture, depuis la dernière coupe, juſqu'au milieu de Mars, foulés dans les temps les plus humides, preſque annéantis en apparence, ont été dans le printemps ſuivant, ſupérieurs aux autres.

Peut-on douter que ces pâturages ne ſoient très-préférables aux friches; examinons l'état & l'utilité de celles-ci.

Leur ſurface deſſéchée, & endurcie par le ſoleil & les vents, couverte à peine de quelques plantes épuiſées, qui ſe remplacent lentement par les rejets de leurs racines, tapiſſés preſque par-tout d'une mouſſe vorace, qui dévore toutes les jeunes pouſſes, & inaceſſible aux trois agens principaux de la nature.

Le développement des ſels de la terre, ſe fait par le labour; plus il la rend friable, plus leur action eſt libre & facile; plus encore, la chaleur du ſoleil la pénétre & porte dans ſon ſein cette fermentation nutritive : ame de toutes les végétations.

Le remplacement de ceux de ces ſels, dont la terre s'eſt épuiſée, pour nourrir les plantes qui la couvre, ou qu'on en a enlevées, eſt opéré par les eaux de pluie, de neige, de brouillards, de roſée, qui filtrant aiſément à travers celles que les labours tiennent libres & remuées, y dépoſent tous ceux qu'elles contiennent en abondance.

Le renouvellement des plantes uſées, ou mortes, ſe fait par les ſemences, que le herſage, couvre de la terre néceſſaire à les nourrir, à les aider dans le développement de leur germe, à les garantir des larcins des oiſeaux, qui ſans être recouvertes par l'art, s'inſinuent d'elles-même, dans les interſtices d'une terre en culture.

Aucuns de ces moyens n'a lieu dans une friche: les ſels de ſon intérieur accablés par l'affaiſement d'une terre qui n'eſt jamais remuée, ſont ſans action; ceux de ſa ſurface épuiſés dès long-temps, ne ſont point remplacés. Les eaux roulent ſur cette ſurface compacte, recuite, & n'y peuvent dépoſer aucuns ſels, puiſqu'elles ne peuvent la pénétrer. Si les brouillards, ſi les roſées en laiſſent quelques uns, la première pluie abondante les diſſoud & les enleve.

Les plantes n'y donnent aucunes ſemences; à peine reçoivent-elles les ſucs néceſſaires à une exiſtence languiſſante: les graines apportées par les vents, ne pouvant s'y fixer, ſont repriſes par eux & portées ailleurs.

TEL eſt l'état invariable des friches; triſtes portions du ſol ou la nature impuiſſante, trace à peine la plus foible apparence du printemps, lorſqu'il enrichit toutes les campagnes.

ON dit en leur faveur, que lorſque le mouton ſent l'herbe fraîche & nouvelle, il refuſe le fourrage ſec, devient étrangement importun, ſe nourrit mal & dépérit; que dans ces temps de gêne, de diſette, de nourriture récente, les friches ſont du plus grand ſecours.

LES friches alors ne ſont guere moins éteintes & nulles que dans l'hyver: d'ailleurs qu'elle eſt la communauté, poſſédant de ces ſortes de pâtures, qui ne ſoit pas voiſine de pluſieurs autres, n'en ayant point, & dans leſquelles on nourrit autant de moutons, & plus de vaches, quelle même n'en a.

ON eſt obligé peut-être, d'affourer les uns & les autres quelques jours de plus; c'eſt-à-dire, de leur donner un ſupplément de fourrage ſec, pendant quelques jours de plus, mais on en a, en dédomagement les grains que la terre qui a donné ces fourrages, a produits dans le même temps. Si d'abord les moutons les refuſent, bientôt la faim les déterminera: ſi pendant quelques ſemaines, ils maigriſſent, les cinq à ſix mois ſuivans les nourriront abondamment, les engraiſſeront.

SUPPOSONS néanmoins que la ſuppreſſion des friches, leur faſſe quelque tort, diminue leur nombre. Quel précieux dédommagement, n'en recevra-t-on pas ? De riches dépouilles en grains, & en fourrages, dans des terres qui ne produiſoient rien ; autant de vaches de plus, qu'on aura de moutons de moins.

MAIS cet objet mérite un détail particulier. Une Communauté quelconque, poſſéde cent arpens de pâture communes : les ſimples Particuliers, n'ont pas une bête à laine ; trois ou quatre riches Propriétaires ou Fermiers, ſont les ſeuls qui en nourriſſent. On ſuppoſe qu'entre-eux, ils en aient cent de plus (à cauſe des friches) qu'ils n'auroient ſi tout étoit en Culture. On voit qu'ils jouiſſent ſeuls d'un bien dont il n'appartiendroit à chacun qu'un centième, ſi la Communauté étoit de cent feux ; ils faiſoient enſemble ſur ces communes, un Bénéfice d'environ trois cents livres, dont un écu ſeulement devoit appartenir à chacun d'eux. Leur feroit-on une injuſtice réelle, en les réduiſant à leur parts. On dira ſans doute, qu'ils n'ont pris leurs Fermes que dans l'eſpoir de jouir ſeuls de ces pâtures, & que les Fermes diminueront aux Baux prochains, ſoit, tout Propriétaire qui comprend dans le Bail de ſon bien, celui d'un autre, doit s'attendre à en être dépouillé.

Qu'en résultera-t-il ? Trois ou quatre Citoyens riches partageoient entre-eux un foible produit de trois cents livres, leur aisance en étoit foiblement augmentée. Quatre-vingt seize habitans dans la misère profiteront chacun de vingt livres au moins pour les Grains, des fourrages, des herbes, ils seront riches. Quel est en effet l'arpent de terre de qualité, même moyenne, dont les Grains ne produisent pas annuellement plus de vingt livres au Propriétaire cultivateur ?

A peine entre-eux tous, avoient-ils une douzaine de Vaches : eh ! de quoi les auroient-ils nourries ? Sans fourrages d'hyver, sans champs ensemencés, où touver des nourritures, de l'herbe pendant l'année entière ?

Chacun aura la sienne : quelle différence entre le produit de ces animaux & celui des moutons ! Une partie du lait consommée en nature, nourrit toujours les enfans, quelquefois leurs pères & mères ; l'autre part convertie en beurre, fait de la soupe pour tous. Souvent portée au marché, elle acquitte la Taille & les petites dettes : la vente d'un Veau sert à d'autres charges. La chair de l'animal procure à la ſociété, un aliment abondant, & de premier beſoin ; la peau fournit des cuirs dont l'emploi eſt également néceſſaire & varié.

Le Mouton donne il eſt vrai, une chair nourriſſante, mais dont le peuple fait peu d'uſage en ſanté, & dont il ne tire aucun ſecours étant malade. La laine en eſt très-utile, mais ſi déja nous ſommes obligés d'en tirer une partie de l'étranger, l'inconvénient d'en acheter un peu plus, ne ſeroit pas conſidérable.

Il eſt d'ailleurs pour le moins douteux que la diminution dans le nombre des bêtes à laine, ſoit une ſuite des défrichemens ; & nous voyons avec certitude qu'ils feront multiplier les bêtes à cornes : peut-être parviendrons-nous à prouver qu'ils procureront le même avantage aux moutons.

Le nombre des habitans & des beſtiaux, eſt moindre dans les villages ayant des pâtures communes, que dans ceux n'en ayant pas, eu égard à l'étendue des propriétés des uns & des autres.

La raiſon en ſera démontrée par un plus grand exemple. Le nombre des beſtiaux eſt augmenté d'un tiers en Angleterre, depuis qu'un Bil plein de ſageſſe, à ſupprimé les communes, & ordonné leur partage.

Quelques Fermiers riches, abuſans de l'injuſte habitude, de mettre ſeuls des trou-

peaux

peaux des deux eſpèces dans les communes, en tiroient un foible profit, & cependant s'élevoient vivement contre le partage. Le peuple le demanda, on le fit.

CENT petits propriétaires, d'une part chacun dans une commune diviſée, ont eu chacun auſſi, une vache, même deux, & huit ou dix moutons : quel Fermier de ce même terrein en pâture ou cultivé, eut pu ſeul, nourrir autant de l'un & de l'autre, qu'eux tous enſemble, les ſoigner de même? Les petits ſoins, qui ſeuls conſtituent les gros produits, ne ſont point poſſibles dans les grandes entrepriſes.

ENFIN oſeroit-on nier, que dans les pays de culture entière, tels que la Flandre, le pays de Caux, la Picardie, la bonne Brie & tant d'autres parties du Royaume, où l'on trouve à peine un arpent de friches, ſur cinquante Villages, on nourriſſe autant & plus de toutes les ſortes de beſtiaux que dans les pays abondans en friches.

ON peut donc conclure inconteſtablement, qu'avec des friches ſans terres cultivées, on ne pourroit avoir aucunes ſortes de bétail, & qu'avec des terres cultivées ſans friches, on nourrit des troupeaux nombreux des deux eſpèces.

IL reſte à combattre quelques objections des partiſans de celles-ci. Ils diſent que les

Cultivateurs suffisent à peine à la culture actuelle des terres qu'ils font valoir : que cependant eux seuls auroient à cultiver les parts qu'on donneroit aux manœuvres & artisans ; puisque ceux-ci n'ont point de chevaux, d'instrumens de labour, & qu'une propriété d'un arpent ou deux ne les mettroit pas en état d'en avoir, qu'ainsi les terres distribuées à ces manœuvres & artisans resteroient incultes.

CETTE conséquence est fausse. Si des terres nouvelles à cultiver, excédoient absolument les moyens des Cultivateurs actuels, il en résulteroit plus d'avantages que d'inconvéniens.

LE nombre des Cultivateurs augmenteroit.

LES nouveaux s'occuperoient non-seulement des terres défrichées, mais encore de celles d'ancienne culture.

L'ARTISAN, le manœuvre, propriétaires d'un demi arpent de terre, le labourent à la bêche, il en est plus fertile, leur temps est plus employé. Ordinairement ils s'associent dans les pays où l'on voit beaucoup de petites propriétés, & forment des charrues couplées telles qu'on en voit communément en Picardie, en Champagne & dans presque toutes les Provinces. Lorsqu'après quelques années d'association, l'un d'entre-eux, plus intelligent a mieux réussi, il achete un ſecond cheval, & ne garde plus qu'un aſſocié, dont bientôt il ſe débarraſſe, par l'acquiſition d'un troiſième cheval : alors il prend à ferme des petits marchés, puis des plus conſidérables, & devient un vrai Laboureur. Ses aſſociés ſe lient à d'autres. Combien l'induſtrie a de reſſources, lorſqu'elle travaille pour ſon compte !

Si le Maréchal, le Charron, le Bourrelier, le Valet de charrue, le Maçon, le Couvreur, le ſimple manouvrier, ſont propriétaires d'un petit champ, il eſt labouré par les Fermiers pour leſquels ils travaillent : leurs ſalaires, leurs fournitures ſont compenſés par les labours, les ſemages, les charrois de grains & de fumiers.

Chacun à la fin de l'année s'eſt acquitté ſans débourſer d'argent. Si au contraire le Fermier refuſe ſon travail, ou que ſes ouvriers n'aient point de petites propriétés, tout eſt ſoldé en argent par les uns & les autres : ainſi ce même argent s'anéantit en petits paiemens de détail, en même-temps qu'il arrive, & manque aux échéances des termes de loyers ou d'impoſitions.

Un payſan ſans propriété eſt un être iſolé, qui ne tient à rien, qui ne s'attache à rien ; diſons plus, qui trop ſouvent n'a point de reſpect pour les Loix, parce qu'il ſait qu'il eſt hors de priſe, & qu'il n'y a point de reſſource pour punir ſes petites tranſgreſſions. Manque-t-il d'ouvrages, ou a-t-il commis quelque faute, rien ne le retient, il part & entraîne à ſa ſuite ſa femme & ſes enfans. Cette famille errante & vagabonde devient le fléau des campagnes qu'elle parcourt.

Celui au contraire qui a un petit domaine quelconque, s'attache à la glebe, ſe lie au lieu de ſon habitation. La reſſource qu'il trouve pour ſes enfans & pour lui dans cette petite propriété, l'engage à la cultiver & à la rendre féconde; & la crainte de la perdre, le rend docile au joug de la Loi.

Combien eſt heureux l'artiſan, qui maître d'une portion de terre, eſt certain d'y dépouiller ſa nourriture & celle de ſa famille; qui trouve dans ſon champ le fourrage néceſſaire à ſa vache, à ſes moutons.

Combien enfin eſt aveugle celui qui penſe tirer plus d'avantages de ſon droit de pâture dans une commune de 100 arpens, qu'il partage avec 99 autres, que dans un arpent de la même commune dont il ſeroit propriétaire, & qu'il mettroit en culture.

Les partiſans des friches prétendent que les herbes des jacheres, ſont ſouvent mal ſaines, & ôtent toujours à la chair des moutons cette ſaveur délicate quelle prend dans les terres incultes.

Ces herbes ſont les mêmes que toutes celles des pâtures des champs, & produites de leurs graines. Quand à la ſaveur, il ſeroit triſte de laiſſer le Royaume inculte, pour ſe procurer dans le mouton, un goût un peu plus délicat: mais le ſeroit-il? Ceux de Beauvais, des Prés ſalés de Normandie ſont élevés dans des pâturages très-gras, ils ſont même engraiſſés dans les étables.

L'herbe des terres cultivées, eſt plus longue & plus tendre que celle des friches. Lorſqu'à leur ſixième année les dents des bêtes à laine, ſont élargies & arrondies, ces bêtes ſe nourriſſent encore de la première, & ne peuvent plus pincer la ſeconde.

Les terreins incultes, ſont dit-on néceſſaires dans les temps humides, parce que le mouton, s'agitant continuellement, réduit en mortier la ſurface des terres, que le labour a rendues friables; qu'alors ſe couchant dans la fange, il ſe releve couvert de boue; que ſa tranſpiration, s'il eſt malade, s'arrête néceſſairement dans ſa laine, ainſi chargée de terre, & l'enduit d'une ſubſtance graſſe & peſtilentielle; que cet enduit, par le frottement continuel des autres moutons contre celui-ci, s'attache bientôt à leur toiſon, & porte en eux, le germe du même mal : cauſe trop ordinaire des épidémies.

C'EST pour les mêmes raiſons que les friches ſont dangéreuſes. Dépourvues de toutes nourritures, le mouton qu'on y fait reſter, porte vingt fois la bouche, à une même plante qui paroît excéder les autres ; ſes efforts réitérés enduiſent cette plante de ſa ſalive. Bientôt un autre attiré par le même objet, vient la brouter avec le même acharnement, & recueille néceſſairement le germe du mal du premier, ſi celui-ci étoit mal ſain. Telle eſt la vraie cauſe des épidémies.

LE mouton qui s'ennui ſur cette friche aride, dont il ne peut rien arracher, attaque ſon voiſin. L'un ou l'autre eſt bleſſé. Aucun ſang n'annonçant le mal, puiſqu'ils ne ſe font réciproquement que des contuſions, on l'ignore. Le bleſſé dépérit & meurt.

SI cédant à l'ennui, il ſe couche dans les temps froids & humides, il ſe releve avec une fluxion. Rarement on le voit coucher lorſqu'il trouve un peu de nourriture. Une friche eſt bornée & bientôt parcourue ; les jacheres ſont vaſtes. Le berger capable, laiſſe peu ſon troupeau en une même place. Dans les temps humides, il le conduit dans les terres en pente.

SI le ſoleil eſt trop ardent, ſa chaleur

qui dans une terre cultivée, se seroit divisée & presque annéantie en la pénétrant, se fixe sur la surface compacte, impénétrable de la friche, & s'y rassemble en divers foyers, ainsi que sur une glace inégale. On sait que le mouton, est de tous les animaux, celui dont le cerveau est le plus foible. Bientôt on le voit attaqué d'étourdissemens, de tournoiemens, de vertiges, de maux sans nombre, presque toujours suivis de sa mort.

Une dernière objection reste à combattre. Les frais qu'exigent les défrichemens, excédent dit-on les facultés des simples particuliers. Les uns n'oseront point les tenter; leurs parts resteront donc nulles: les autres les commenceront, sans pouvoir les achever, & n'en seront que plus misérables; d'autres enfin qui les auront exécutés, n'en retireront point leurs avances, ils seront ruinés, & leur triste exemple écartera tous ceux qui auroient été tentés de défricher.

Ces craintes sont mal fondées. Les frais seroient considérables, si l'on proposoit des bois des terreins pleins de roches, des marais inondés, à mettre en culture: mais une pâture commune, une friche ordinaire, où l'on voit à peine quelques buissons de bruyère, sans souches d'arbres à arracher, sans roches à briser, sans canaux à creuser, une friche qu'un premier labour renverse, qu'un second met en état d'y semer de l'Avoine ; qui l'année suivante sera déja en culture réglée, occasione peu de frais. Une seule dépouille les acquitte. Si le Propriétaire après quelques années de jouissance, y trouve peu de profit, il la met en sainfoin ou luserne ; elle se répare ainsi sans cesser de produire. On la remet en grains, après un repos suffisant, & avec succès. Veut-il l'abandonner ? Elle sera long-temps supérieure aux autres friches.

Mais quelle réponse plus satisfaisante à l'objection que l'exemple tiré de ce Ministre respectable, qui honore notre Assemblée de sa présence & vient de l'éclairer de ses lumières ? A peine arrivé dans cette Province, un coup d'œil rapide lui en fait appercevoir les défauts & les ressources. Notre confiance dans la fertilité de notre sol, faisoit languir l'industrie. Toutes nos productions alloient aux autres Provinces, telles que la nature les avoit données. Des écoles de filature sont formées par ses soins, dans les Villages voisins de notre Ville ; d'autres plus éloignés en prennent de l'émulation. La filature s'établit & s'étend, une Manufacture d'étoffe s'éleve à l'ombre de sa protection. Il la soutient par ses secours, & prend les précautions les plus sages, pour aſſurer le débit des Marchandiſes.

Au milieu d'un marais inutile & ſangeux, je vois s'élever & croître une pépinière d'une très-belle perſpective, qui raſſemble une quantité d'arbres de toute eſpèce, & va devenir une reſſource inépuiſable, pour des plantations, dans la Province. Mais ces premiers objets ne ſuffiſent point à l'activité de ſon zèle, il entreprend le défrichement d'une quantité conſidérable de terres incultes. Un double avantage ſe préſente dans l'exécution de ce projet : d'un côté ſon humanité, ſa ſenſibilité pour les malheureux, y trouvent un ſoulagement d'autant mieux ordonné, que le ſecours eſt la ſuite du travail : d'un autre ſes vues d'adminiſtration, lui font appercevoir qu'en matière de culture, la prévention ne peut ſe détruire que par des faits, des exemples, par des leçons vivantes. Le terrein a été défriché & ſemé en Avoine, & l'état actuel de cette Avoine, donne l'eſpérance d'une récolte abondante. Un calcul exact de la dépenſe & du produit, prouvera mieux que tous les raiſonnemens, l'utilité des défrichemens.

Le préjugé ne demeure pas ordinairement ſans réponſe. D'abord ce terrein défriché ne devoit rien produire : c'étoit peine perdue ; à préſent que l'Avoine eſt bien levée, & très-belle, on ſe rabat à dire qu'après quatre ou cinq années de rappport, la terre ſera épuiſée.

MAIS s'il en étoit ainſi, pourquoi les gens de campagne donnant à l'arrêt du Conſeil de 1763, & à la déclaration du Roi de 1766, une interprétation trop étendue, ſe ſont-ils jettés avec tant d'empreſſement dans ces terres incultes, pour les défricher: pourquoi ſe ſont-ils expoſés à tant de conteſtations, pour ſe ſoutenir dans la jouiſſance de ces terreins; pourquoi enfin les Fermiers eux-mêmes, ont-ils pouſſé autant qui leur a été poſſible, leur culture ſur ces friches? Les Fermiers ceſſeroient-ils d'être éclairés ſur leurs propres intérêts? Non, Mrs, mais c'eſt ici la raiſon ſecrete & ſur laquelle nous ne craignons point d'être déſavoué. On aime mieux jouir ſeul en pâture de ces friches dans leur état d'imperfection, que de les partager avec d'autres dans un état de culture; c'eſt l'intérêt particulier qui l'emporte ſur l'intérêt public.

IL eſt ſans doute des Fermiers, & c'eſt le plus grand nombre, qui jouiſſans d'une fortune conſidérable, joignent à la décence & à la pureté de leurs mœurs une bienfaiſance judicieuſe. Ils écartent le beſoin de tout ce qui les entoure, & nous pouvons dire avec un ancien Poëte que c'eſt parmi ces honorables Cultivateurs, qu'Aſtrée a laiſſé les dernières traces de ſa demeure avec les hommes. *Hìc ultimam Aſtrea videtur ſixiſſe ſedem.*

Mais ceux, qui dominés par leur propre intérêt, craindroient de faire un ſacrifice léger en faveur des autres habitans; qui tenteroient d'arrêter le ſuccès des diſpoſitions les plus ſages, dans la vue de ſe con ſerver ſeuls en la jouiſſance d'un terrein, qui au fond ne leur appartient pas, & dans la crainte de diſpoſer avec moins de tyrannie du prix des journées des ouvriers qui auroient alors plus de reſſources pour ſe procurer du travail: ceux-là ..., mais écartons cette idée importune, & rendons plus de juſtice à nos Fermiers, à cet ordre précieux & diſtingué de Citoyens. Il eſt excuſable de tenir un peu à un ancien préjugé qui ſe lie à notre intérêt. Dès qu'ils ſeront convaincus que ſans aucun inconvénient conſidérable, l'aiſance, le bonheur des manouvriers, & de leur famille eſt attaché à la propriété de quelques portions de terres, alors on n'éprouvera de leur part ni réſiſtance, ni menaces, ni manœuvres, ni intrigues ſourdes. Eh! comment pourroit-on les ſoupçonner? Eux qui dans cette année malheureuſe, ont fait une eſpèce de ligue pour ſoulager les manouvriers par des ſecours extraordinaires & les aumônes les plus abondantes.

Après avoir prouvé que les défrichemens ne sont point nuisibles, qu'ils sont même avantageux à tous égards, il reste à démontrer qu'ils sont d'une nécessité indispensable.

NÉCESSITÉ

DES DÉFRICHEMENS.

Entre les différentes branches de luxe, il en est quelques-unes d'autant plus dangéreuses, qu'elles portent directement sur l'Agriculture.

Les avenues de décoration, les promenades publiques & particulières, les parcs immenses, même aux plus petits Châteaux, aux maisons bourgeoises; les plantations de bois, souvent plus agréables qu'utiles; leur ombre, celle des arbres dont tous les chemins & avenues sont bordés, leurs racines enlevent à la culture, une prodigieuse quantité de terres, & diminuent sensiblement les dépouilles; tandis que la multiplication incroyable des équipages qui promenent dans les Villes tant de Citoyens oisifs, éxige une quantité pareille de fourrages & d'avoines; pendant que par tous les encouragemens possibles nous nous efforçons d'aider la population des Provinces.

QUEL étrange contraste ! Plus nous étendons la consommation, plus nous en resserrons les moyens.

UNE partie des Chevaux innombrables, employés inutilement aux équipages de gens plus inutiles encore, est prise dans nos Provinces. On sait que l'espèce de ces animaux, est moins abondante actuellement, qu'autrefois ; qu'on en fait peu d'éleves dans les campagnes, & que leur nombre est déja trop insuffisant.

L'ENLÉVEMENT de ceux-ci renchérit les autres pour le Cultivateur. Il épuise toutes ses facultés, pour remplacer celui qu'il a eu le malheur de perdre : s'il en perd deux, il est ruiné.

L'AUTRE partie des chevaux de carrosse, est achetée chez l'étranger, non en échange de marchandises, mais en argent.

COMBIEN ce commerce onéreux fait sortir tous les ans, d'espèces du Royaume, & sans aucun retour !

LA quantité immense de fourrages apportés des campagnes dans les Villes, pour ces mêmes chevaux, y est convertie en fumiers, employés en productions frivoles, & souvent peu agréables. Une botte de Raves, d'Asperges, un Melon, sont mangés mauvais par un homme riche, huit jours plutôt que celui où la nature se proposoit de les lui donner bons. Ils ont coûté tout le fumier, qui, si les fourrages fussent restés à la campagne, auroient suffit à engraisser trois arpens de terre : leur Cultivateur auroit eu trente minots de Bled au de-là de sa dépouille ; il eut été riche, à peine a-t-il rétiré ses frais.

Ce même surcroît de récolte auroit augmenté la somme générale des grains.

Ce Cultivateur pourroit, dira-t-on, conserver les fourrages, & se procurer les fumiers suffisans ?

Quel est l'homme ayant équipage (& quel habitant de Ville n'en a pas ?) qui n'éxige point de son Fermier, les fourrages dont il a besoin, lorsqu'il en est à portée.

Si son Propriétaire n'en demande pas, il sera pressé par le besoin d'argent, où les loyers, les charges, les impositions, le tiennent continuellement. Il sera séduit par la cherté de sa paille, de son foin, & vendra ce qu'il en aura de meilleur.

Combien d'hommes éblouis par un profit apparent, ne s'apperçoivent pas qu'il entraîne une perte réelle. On pense communément que le renchérissement des denrées, fait la fortune du Cultivateur : le plus souvent il entraîne sa perte.

Les denrées ont un prix moyen, au dessous duquel tout languit; mais s'il est excédé, tout est misérable. Le moindre surcroît dans leur valeur, sert de prétexte aux domestiques, aux fournisseurs, aux ouvriers; sur-tout aux marchands des Villes, d'augmenter celle de leurs marchandises, de leurs fornitures, de leurs salaires, dont le prix rebaisse lentement, & rarement ensuite.

Les Droits sur les denrées, deviennent bientôt insuffisans. Toutes les charges de l'état augmentent en raison de la valeur des mêmes denrées : alors le renchérissement de celles-ci, n'est plus en balance avec tous ceux qu'il a occasionés, & le Cultivateur en devient la première victime. Pour faire face aux besoins pressans, il vend fourrages & bestiaux, ses grains vont au marché à vilprix, ou deviennent la proie d'un riche marchand de bled, qui étudie l'instant de sa détresse, & fonde sa fortune sur la misère publique.

Ses chevaux mal nourris, excédés de travail, s'énervent & périssent. Ses terres mal labourées, mal engraissées, donnent des mauvaises récoltes. La recette diminue les dettes augmentent; il est enfin accablé.

Son malheur devient celui de l'état. Il a ruiné en deux ans, ses chevaux qui devoient lui servir au moins dix années. Leur remplacement augmente la consommation de l'espèce. Les terres produisent moins de grains & de fourrages. La somme de l'un & l'autre devient moindre. Ses troupeaux se dépeuplent. Le prix de la viande augmente.

SUPPOSONS qu'il soit en état de conserver ses fourrages ; que deviendront les chevaux des Villes ? Peut-on donner des bornes au luxe ?

LE seul moyen que la prudence semble nous permettre actuellement, c'est d'étendre la culture, d'égaler s'il est possible, la recette à la dépense. Les friches seules, sous leurs différentes dénominations, peuvent fournir à nos besoins présens ; à la disette de fourrages, que nous sentirions plus promptement, si l'on en conservoit dans les campagnes, la quantité nécessaire: mais qui tardera peu à être excessive, puisqu'elle-même accroît sa cause, à chaque instant.

CULTIVONS-les, partageons-les, également aux pauvres & aux riches. Le nombre des bestiaux augmentera en raison de celui des Propriétaires. Les Fermiers vendront moins de fourrages & à un moindre prix, mais ils auront des dépouilles plus abondantes, & sur une plus grande quantité de terres. L'Agriculture renaîtra,

&

& l'abondance des denrées ſoulagera effectivement le peuple, ſi digne de ſecours puiſſans, par l'état de miſère, où tant de circonſtances le réduiſent.

MÉMOIRE
SUR LA MANIÈRE
DE RÉCOLTER LES
AVOINES.

LE But des Sociétés d'Agriculture n'eſt pas ſeulement de chercher à tirer des terres le plus grand produit, il conſiſte encore à procurer & à conſerver aux productions de la terre les meilleures qualités poſſibles. C'eſt ce qui me détermine à faire quelques obſervations ſur la mauvaiſe méthode pratiquée dans ce pays-ci, pour la récolte des Avoines.

LORSQUE les Avoines ſont coupées, on les laiſſe long-temps à terre expoſées aux pluies. Les Laboureurs croient que la pluie qui tombe ſur ces Avoines les fait groſſir & les rend noires. Avant que le grain ſoit formé, les pluies & la roſée contribuent à la vérité à le rendre plus gros ; mais alors cette humidité s'aſſimile avec la matière du grain & fait avec lui un tout homogène. Mais ce n'eſt plus la même choſe, lorſque le grain entièrement formé eſt à ſa maturité. Pour former un grain bien nourri, il ne suffit pas qu'il tombe de l'eau sur l'épi; il faut que les parties aqueuses s'y insinuent par les canaux de la tige. Nous en avons la preuve dans la récolte de 1767. Certainement les épis ont été bien arrosés; mais l'humidité n'a pas pu y bien pénétrer par les tuyaux qui étoient totalement ou en partie interrompus, parce que les Bleds étoient versés.

Les Blatiers savent qu'en arrosant l'Avoine, elle grossit : mais l'eau dont elle s'imbibe ne fait point avec le grain un corps homogène, c'est une enflure. Si on laisse en tas cette Avoine humide, elle fermente bientôt & se gâte. Il en est de même de celle qui est mouillée en javelle : la pluie la fait enfler, mais elle fermente & se gâte, si on la met en tas. Si on veut parer à cet inconvénient, il faut la faire sécher, & lui faire perdre l'humidité qu'on lui avoit donnée; & alors il vaut mieux ne pas lui en laisser prendre.

J'ai semé à Bassolles au près de Coucy, une pièce de terre en Avoine. Dès qu'elle fut fauchée & bien séche, je la fis mettre dans une grange, sans qu'elle eut reçu de pluie. Les Laboureurs des environs pour l'instruction desquels je faisois l'expérience, me dirent tous que mon Avoine ne feroit ni noire ni grosse. Ils furent fort surpris de la voir noire & plus grosse que celle qu'ils avoient laissé mouiller.

J'ai fait venir cette Avoine à Saint Gobain, & l'ai comparée & fait comparer avec environ 5000 septiers de la meilleure du pays que j'avois achetée pour les chevaux de la Manufacture Royale des glaces. De l'aveu même des Laboureurs qui fournissoient ces cinq cents septiers, la mienne étoit plus grosse, plus pesante & n'avoit aucune odeur, tandis que toutes les autres en avoient plus ou moins une désagréable.

Tout le monde sait ce que c'est que le Gruau. C'est de l'Avoine mondée ou dépouillée de son enveloppe & concacée. La Bretagne & la partie de la Normandie qui touche à cette Province, en fait un commerce considérable. Mais dans ces Cantons, on prend les plus grandes précautions pour empêcher les Avoines d'être mouillées quand elles sont coupées; & on n'employe jamais pour faire le Gruau, celles qu'on n'a pu préserver de la pluie.

Plusieurs personnes qui ont voyagé en Bretagne, ont remarqué, & j'ai observé moi-même, que, lorsque les chevaux passent des pays où on en laisse mouiller, les Avoines dans ceux où on les préserve de la pluie, j'ai observé, dis-je, que les chevaux mangent l'Avoine avec plus de plaisir & d'avidité ; & que le contraire arrive, lorsqu'ils quittent les Avoines de Bretagne, & qu'ils trouvent celles qu'on a laissées à la pluie.

Il résulte trois inconvéniens considérables de la mauvaise méthode de laisser mouiller les Avoines.

1°. La qualité en est plus mauvaise, & ceux qui connoissent les Avoines de Bretagne, en sentent bien la différence. Toutes celles qui ont été mouillées, ont plus ou moins une odeur désagréable que n'ont pas celles de Bretagne. On en voit souvent de germées dans les champs.

2°. La quantité en est moindre. Lorsqu'on a enlevé d'un champ l'Avoine qui y est restée long-temps à la pluie, on voit les places des javelles couvertes d'une quantité considérable de grains qui s'est détachée de la paille pourrie. On ne voit pas la même chose en Bretagne. Qu'on examine le même champ quelque temps après que l'Avoine en est enlevée? On voit que les places des javelles sont couvertes d'un beau verd, produit par les grains d'Avoine qui ont levé & qui couvrent la terre.

3°. Les Bestiaux & les Vaches sur-tout aiment beaucoup la paille d'Avoine. Mais quel goût peuvent-elles y trouver, & quelle ſubſiſtance peuvent-elles en tirer, lorſque la pluie a preſque pourri cette paille, & en a emporté les huiles & les ſels qui ſont les parties nutritives ? Il en eſt de la paille mouillée comme du foin.

Je ne ſaurois m'empêcher de faire une obſervation à peu près ſemblable ſur les Chanvres. Je vois que dans le Pays que j'habite, après avoir arraché les Chanvres, on en fait des eſpèces de gerbes, qu'on laiſſe long-temps en tas dans les champs. On les prend enſuite pour les emporter, ou bien on fait une aire dans le champ pour recevoir la graine. Mais qu'on examine les places où étoient les tas & le terrein ; entre ce tas & l'aire, on verra toute la terre couverte de graine qui eſt entièrement perdue. On la conſerveroit, ſi, en arrachant cette Plante, on en faiſoit des bouquets avec la tête où eſt la graine, & ſans la mettre en tas. Si on coupoit avec une faucille ou autre outil tranchant le pourtour de ce bouquet, en coupant le moins poſſible de la longueur de la tige, la graine avec les feuilles encore vertes, tomberoient dans une aire ſemblable à celles dont on ſe ſert : des petits enfans la retourneroient au ſoleil pendant quelques heures, la graine ſe détacheroit & on n'en perdroit point.

PRIX

Proposé par la Société Royale d'Agriculture de Soissons.

LA Société Royale d'Agriculture, persuadée que si la meilleure Culture & ce qui concerne la manutention des biens de Campagne, est spécialement l'objet de son établissement; le Commerce, cette seconde source de richesses de l'État, n'est pas moins digne de ses soins, a cru devoir joindre aux sujets, des Prix d'Agriculture, quelques-uns de ceux qui sont relatifs au Commerce.

EN conséquence elle a arrêté, que pour exciter les défrichemens dont elle a reconnue les avantages, quatre Prix seroient donnés.

SAVOIR, Le premier à celui qui fera venir le plus beau Froment dans une terre inculte depuis vingt ans.

LE Second à celui qui dans une terre également inculte depuisvingt ans, y aura de plus beau Seigle.

LE troisième à celui qui dépouillera dans

une même terre, non cultivée depuis le même temps, la plus belle Avoine.

Le quatrième à celui qui aura le mieux réussi en Prairie artificielle, en Tréfle, en Luserne ou Sainfoin, dans un terrein également inculte.

Ceux qui voudront concourir à ces Prix, se présenteront au mois de Février prochain, chez M[r] le Sécrétaire, pour l'avertir de la quantité de terre qu'ils auront défrichée & de l'espèce de récolte qu'ils comptent faire.

Lors de la dépouille & quelques jours avant, des Commissaires seront nommés pour en faire la visite, & le rapport au Bureau.

Pour favoriser également le nouvel établissement, fait dans l'Hòpital de cette Ville, & exciter l'émulation, des jeunes Éleves qui doivent en sortir cette année, le Bureau lors de la distribution des autres Prix, en donnera deux pour ceux qui travaillans hors de l'Hôpital, auront faits les meilleures Pièces d'étoffe, à condition que ceux qui voudront concourir, se présenteront dans le courant de Mai, chez Mr Breton, Sécrétaire perpétuel, qui leur fera fournir la chaîne & la trame nécessaire pour une pièce de Serge, de trente aunes; verra conjointement avec un Commissaire, commencer la Pièce & en ſcellera le Chef du Cachet de la Société.

Lorsque les Pièces ſeront faites, elles ſeront éxaminées, & les deux meilleures couronnées.

APPROBATION.

JE soussigné, Lieutenant Général au Bailliage de Soissons, & Censeur de la Société Royale d'Agriculture de Soissons, ai lû les trois Mémoires ci-joints, & n'y ai rien trouvé qui puisse en empêcher l'impression. A Soissons, ce 12 Juillet 1768.

CHARPENTIER.

PRIVILEGE DU ROI.

LOUIS, par la grace de Dieu, Roi de France & de Navarre, à nos amés & féaux Conseillers les Gens tenans nos Cours de Parlement, Maîtres des Requêtes Ordinaires de notre Hôtel, Grand-Conseil, Prevôt de Paris, Baillifs, Sénéchaux, leurs Lieutenans Civils, & autres nos Justiciers qu'il appartiendra, SALUT. Notre amé le Sieur BRETON, Sécrétaire perpétuel de la Société d'Agriculture de Soissons, Nous a fait exposer qu'il auroit besoin de nos Lettres de Privilege pour l'impression des Ouvrages de ladite Société. A CES CAUSES, voulant favorablement traiter l'Exposant, Nous lui avons permis & permettons par ces Présentes, de faire Imprimer par tel Imprimeur qu'il voudra choisir, tous les Ouvrages que ladite Société voudra faire imprimer en son nom, en tels volumes, forme, marge, caractères, conjointement ou séparément, & autant de fois que bon lui semblera, & de les faire vendre & débiter par-tout notre Royaume, pendant le temps de six années consécutives, à compter du jour de la date des Présentes; sans toutefois qu'à l'occasion desdits ouvrages il puisse en être imprimé d'autres qui ne soient pas de ladite Société. Faisons défenses à tous Imprimeurs, Libraires & autres personnes de quelque qualité & condition qu'elles soient, d'en introduire d'impression étrangere dans aucun lieu de notre obéissance, comme aussi d'imprimer ou faire imprimer, vendre, faire vendre & débiter lesdits ouvrages, en tout ou en partie, ni d'en faire aucune traduction ou extrait, sous quelques prétexte que ce puisse être, sans la permission expresse & par écrit dudit Exposant, ou de ceux qui auroient droit de lui, à peine de confiscation des Exemplaires contrefaits, de trois mille livres d'amende contre chacun des contrevenans, dont un tiers à Nous, un tiers à l'Hôtel-Dieu de Paris, & l'autre tiers audit Exposant ou à celui qui aura droit de lui, & de tous dépens dommages & intérêts; à la charge que ces Présentes seront enregistrées tout au long sur le Registre de la Communauté des Imprimeurs & Libraires de Paris dans trois mois de la date d'icelles, que l'impression desdits ouvrages sera faite dans notre Royaume & non aileurs; en bon papier & beaux caractères, conformément aux Réglemens de la Librairie; qu'avant de les exposer en vente, les manuscrits ou imprimés qui auront servi de copie à l'impression desdit ouvrages, seront remis dans le même état où l'Approbation y aura été donnée ès mains de notre très-cher & féal Chevalier Chancelier de France, le sieur de Lamoignon, & qu'il en sera remis ensuite deux Exemplaires de chacun, dans notre Bibliotheque publique, un dans celle de notre Château du Louvre, un dans celle dudit sieur de Lamoignon, & un dans celle de notre très-cher & féal Chevalier Garde des Sceaux de France, le sieur Feideau de Brou, le tout à peine de nullité des Présentes: du contenu desquelles vous mandons & enjoignons de faire jouir ledit Exposant & ses ayans cause plainement & paisiblement, sans souffrir qu'il leur soit fait aucun trouble ou empêchement. Voulons que la copie des Présentes, qui sera imprimée au long au commencement ou à la fin desdits ouvrages, soit tenue pour duement signifiée, & qu'aux copies collationnées par un de nos amés & féaux Conseillers-Sécrétaires foi soit ajoutée comme à l'original. Commandons au premier notre Huissier ou Sergent sur ce requis, de faire pour l'exécution d'icelles tous actes requis & nécessaires sans demander autre permission, & nonobstant clameur de Haro, Charte Normande & Lettres à ce contraires: car tel est notre plaisir. Donné à Paris le trente-uniéme jour du mois d'Août, l'an de grace mil sept cent soixante-trois, & de notre Regne le quarante-neuviéme.

Par le Roi en son Conseil. LE BEGUE.

Registré sur le Registre IV de la Chambre Royale & Syndicale des Libraires & Imprimeurs de Paris N° 1109 Fol. 463. conformément au Réglement de 1723, qui fait défenses, Art. 41, à toutes personnes de quelque qualité & conditions qu'elles soient, autres que les Libraires & Imprimeurs, de vendre, débiter, faire afficher aucuns Livres pour les vendre en leur nom, soit qu'ils s'en disent les Auteurs ou autrement, & à la charge de fournir à la susdite Chambre neuf Exemplaires prescrits par l'article 108 du même Réglement. A Paris, ce 26 Septembre 1763.

LE CLERC, Adjoint.

www.ingramcontent.com/pod-product-compliance
Ingram Content Group UK Ltd.
Pitfield, Milton Keynes, MK11 3LW, UK
UKHW022136260726
13993UKWH00003B/1467